LiloSHI

熱壓烤盤
全方位
攻略

瑞昇文化

序

您好！我是 LiloSHI。

讀者中不乏初次接觸我作品的人吧！請讓我先簡單地做個自我介紹。

網路上不少人稱呼我「熱壓烤盤創意料理達人」，事實上，我是一個獨行俠般獨來獨往（不帶獵犬，一人攜槍入山追尋獵物），經常前往偏遠山區狩獵的獵人。

除了狩獵之外，還從事露營、登山健行、釣魚等戶外活動，同樣是獨自地享受著樂趣。有一天，突發奇想，開始將戶外活動中烹調餐點過程拍成影片進行投稿，沒想到竟然得到非常高的評價。

過了一些時候，「這個烤盤是不是什麼都能烤啊？」，腦子裡又浮現這個問題，於是就利用十分方便攜帶的熱壓烤盤，繼續自由地烹調著餐點，沒想到「難吃到連自己都感到絕望的烹調技術」竟然也提昇了，後來還出了書，直到現在。

真是一個不知天高地厚的人吶！五年前就很想對著自己說「你呀！乾脆就出一本料理書吧！」。

感謝讀者們的支持，已出版《リロ氏のソロキャンレシピ》受到熱烈的回響！Twitter 追蹤人數大幅竄升！YouTube 頻道

※關於我所持有的槍枝：
零件更換安裝及改造，皆委託店家處理，再前往槍砲彈藥相關管理單位，確實地完成更改資料、變更手續等作業。Balancer extension 與槍托等也都是透過槍砲店家，購買合法、正規的商品，而且充分考量安全，確實遵守法律規定。槍枝照片、影片都是在自家維修、練習以提升使用技術時拍攝。

訂閱人數突破 36 萬人次，因為讀者們的愛顧讓我感到驚喜連連。

謹藉此篇幅表達最深摯的謝意！

這次將透過大幅強化功能的熱壓烤盤（通稱：HSM）介紹創意料理食譜並付梓出版。書中介紹的熱壓烤盤創意料理食譜數量遠超過上一本著作，而且更廣泛地納入大阪燒烤盤與登山用平底鍋料理食譜。

這次也一如往昔地作出「懶人料理竟然可以作得這麼了不起!!」的成果，依然秉持「作法簡單易懂 · 便於組合變化 · 材料取得容易」的低門檻製作理念。

這是一本任何人都能夠輕易地調理製作，而且更容易作出變化組合的食譜，無論在家、從事戶外活動，或者獨自露營，請一定要試著做做看！

LiloSHI

目前還是持續地透過Twitter與YouTube頻道，上傳以熱壓烤盤等烹調創意料理的頻道。

CONTENTS

PART 1

獨自露營絕對不可或缺
熱壓烤盤的優點不勝枚舉！

PART 2

Twitter超人氣！
熱壓烤盤
HSM創意料理食譜TOP10

PART **3**

保證「美味可口！」
輕鬆上手不絕望的HSM創意料理食譜

PART 4

輕鬆烹調、快速完成美味料理！
便利食品HSM創意料理食譜

PART 5

從事戶外活動時也能夠吃到熱熱的食物！
炸物HSM創意料理食譜

PART 6

串起來更美味！
串烤HSM創意料理食譜

PART 1

9

獨自露營絕對不可或缺

熱壓烤盤
的優點
不勝枚舉！

烹調料理真便利！

　　熱壓烤盤是放入吐司麵包，夾入喜愛食材後，烘烤一下就完成「熱三明治」的調理工具。事實上，熱壓烤盤還是廣泛地製作肉・魚料理、飯類、甜點等餐點美食的萬能調理工具。

燒烤

熱壓烤盤是能夠翻面烘烤，更迅速地完成美味佳餚的「兩面烘烤型小平底鍋」。具有兩面加熱蒸烤食材的功能，因此能夠更輕鬆快速地完成各式料理。

油炸

加入少許食用油，以「半炸半烤」方式，即可完成外酥內嫩香脆多汁的炸物。少油就能夠完成美味料理，除了吃得健康，善後清理更輕鬆。

壓縮

熱壓烤盤是對食材加壓後，烘烤完成各式餐點的調理工具。經過「加壓」，食材甜味更加濃縮，美味程度大大地提昇。

一個HSM就能夠搞定所有餐點！

　　熱壓烤盤能夠烹調各式料理之外，攜帶也很方便，除了家裡使用，也適合從事戶外活動時活用，用途廣泛令人激賞。接著就來談談熱壓烤盤的便利性與優點吧！

一次烘烤正好完成一人份

熱壓烤盤原本就是一次烘烤完成一人份熱三明治的調理工具。因此充滿烹調「一人份」料理恰恰好的尺寸感。除了適合獨自露營使用之外，也是單身生活烹調餐點的便利工具。

烹調料理後可直接當做餐具用途廣泛

以製作龍田揚（請參閱P.121）為例，雞肉裹上太白粉麵衣後，至烘烤完成美味佳餚為止，整個過程都可以在熱壓烤盤裡完成。此外，以熱壓烤盤完成料理後，還能夠一直維持熱騰騰的狀態，當做餐具使用，還不用另外清洗碗盤。

輕鬆翻面零失敗

以平底鍋烹調大阪燒等，必須兩面烘烤的料理時，翻面後總是四分五裂或食材四處飛散，使用熱壓烤盤就輕鬆翻面零失敗，兩面都能烤出漂亮色澤。

方便隨時確認烘烤程度

以熱壓烤盤烹調料理時，可以隨時打開確認烘烤程度。而且輕鬆翻面零失敗，因此能夠隨時確認兩面的烘烤程度，完成均勻受熱的美味佳餚。食譜上記載烘烤時間為大致基準，烹調時請隨時確認烘烤程度。

獨自露營烹調餐點小建議

活用現成調理食品是LiloSHI獨自露營烹調餐點的風格！前往露營時通常會攜帶簡便型瓦斯爐，途中前往超市或便利商店購買必要食材，輕鬆愉快地享受露營樂趣。

LiloSHI大力推薦！熱壓烤盤介紹

　　簡單來說，熱壓烤盤種類因形狀、尺寸、厚度（深度）、烘烤目的等而不同，款式豐富多元。本單元介紹我一直在使用，用途十分廣泛的款式。

※書中使用本單元介紹的熱壓烤盤。

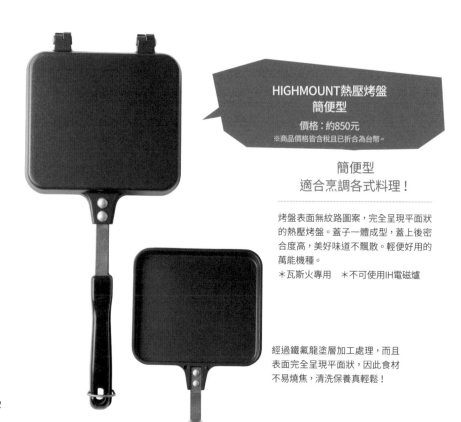

**HIGHMOUNT熱壓烤盤
簡便型**

價格：約850元
※商品價格皆含稅且已折合為台幣。

簡便型
適合烹調各式料理！

烤盤表面無紋路圖案，完全呈現平面狀的熱壓烤盤。蓋子一體成型，蓋上後密合度高，美好味道不飄散。輕便好用的萬能機種。
＊瓦斯火專用　＊不可使用IH電磁爐

經過鐵氟龍塗層加工處理，而且表面完全呈現平面狀，因此食材不易燒焦，清洗保養真輕鬆！

蓋子打開之後，
可如圖固定住！

蓋子打開之後可固定，因此取出、放入食材，
或烹調過程中添加調味料作業更順暢進行。但
打開之後容易往後傾倒，需留意。

\ **大量烹調的好幫手！** /
和平FREIZ
WIDE SAND PAN

價格：約1,000元

烤盤容量是一般熱壓烤盤的雙
倍，最適合大量製作，或調理小
型熱壓烤盤無法完成的料理時使
用。同樣是烤盤表面完全呈平面
狀，蓋子可固定的類型。
＊瓦斯火專用
＊不可使用IH電磁爐

13

用法&調理巧思

　　熱壓烤盤的用法很簡單，準備好器具與食材，任何人隨時都能夠烹調完成餐點。但，若想更快速上手，調理得更加美味可口，還是需要一點小訣竅。請先學會基本的用法與調理訣竅吧！

避免過度加壓！

慢慢地就會蓋上
絕對沒問題!!

烹調的食材與料理比較厚時，一開始可能無法完全蓋上。若過度加壓，勉強蓋上，可能導致烤盤結構破損、食材沾黏、烘烤不均。加熱後慢慢地就會蓋上，請別慌張，繼續烘烤！

邊烘烤邊晃動烤盤至角落食材完全加熱為止！

邊烘烤邊
晃動烤盤!!

以熱壓烤盤烹調時，總是無法均勻地加熱食材。邊烘烤邊晃動烤盤，讓所有食材都均勻地受熱吧！尤其是最不容易加熱的四個角落，加熱烘烤時必須特別留意。

避免一開始就大火烘烤！

一開始就大火烘烤
是NG的作法!!
NG!!

一開始就以大火加熱烘烤，完成的料理容易出現表面烤焦、裡面沒熟的情形。本書中食譜分別記載著加熱時間，提供烹調時參考，但請避免以大火加熱烘烤。請以「先小火加熱至食材熟透，最後才以大火烤出漂亮色澤」為基本原則。

烹調較厚的肉類食材時，從縫隙溢出的水份就能夠確認烘烤程度！

烹調較厚的肉類食材時，一開始加熱烘烤，烤盤間縫隙就會溢出水分，繼續烘烤，水分漸漸地不再溢出。翻面、倒掉水分數次後，烤盤裡的食材就會烤乾，呈現荷蘭鍋烘烤效果，確實地烤熟肉類食材。

適時地打開烤盤確認烘烤程度！

書中食譜分別記載著加熱時間，但加熱時間因火爐、輕便休閒爐、食材溫度等因素而不同。請適時地打開熱壓烤盤，確認烘烤程度，調整加熱時間。

請在「能夠盛裝湯汁的容器」上進行翻面！

以熱壓烤盤調理食材過程中，進行翻面時，烤盤縫隙就會溢出湯汁或油分。直接在火爐上翻面，可能引發嚴重事故，因此，請先準備好能夠盛裝湯汁的容器（耐熱容器），在容器上方進行翻面（小心處理避免燙傷！）。

邊烘烤、邊倒掉多餘的水分與油分！

調理水分較多的蔬菜、油分較多的內臟或雞皮等食材時，過程中會釋出水分與油分，必須倒出才能夠烹調得更美味，因此，調理過程中請適時地倒出多餘的水分與油分（處理方法如同翻面）。

避免過度翻面!!

烹調料理可大致分成需要邊翻面邊烘烤，與烘烤時儘量避免翻面（以免麵包粉掉落、烘烤的食物變形）等方式，因此需要避免過度翻面（烹調前請詳閱P.18相關記載）。

\ **Warning!** /

烹調馬鈴薯料理時小心烤焦！

以熱壓烤盤（烤盤表面無紋路圖案與經過鐵氟龍塗層加工處理類型等）烹調馬鈴薯時，非常容易沾黏，調理前請先塗抹食用油，並且充分地加熱烤盤。

LiloSHI風格的料理特色

　　LiloSHI 風格食譜秉持「作法簡單易懂 · 便於組合變化 · 材料取得容易」的理念，因此以善加利用生活周邊取得容易、使用方便的食材為重點。調理時多花點心思，短時間就能夠完成獨自露營的美味餐點。

■ 準備1瓶就OK！使用便利的萬能辛香料！

中村食肉 MAXIMUM（140g）約150元

LiloSHI創意料理食譜絕對不可或缺的魔法辛香料「MAXIMUM」！除了調理肉類食材，也適合烹調蔬菜、魚類料理時使用的萬能調味料。準備1瓶MAXIMUM辛香料，就不需要其他調味料，推薦給極力地想減少行李的露營族使用。網路商店或超市等賣場就買得到。

沒有MAXIMUM辛香料時怎麼辦？

無法買到MAXIMUM辛香料時，可使用以下介紹的調味料。請配合烹調的料理種類拿捏用量。
【材料（喜愛的份量）】
鹽、胡椒… 1大匙、大蒜粉… 1小匙、肉荳蔻粉… 1小匙

■ MAXIMUM辛香料之外也很適合使用的萬能辛香料

買不到「MAXIMUM」辛香料時，可使用以下介紹的這2種辛香料。

ほりにし戶外專用辛香料
（100g）約200元

戶外精品專賣店經理人特調，以食鹽、醬油為基底，以20餘種辛香料混合而成，非常適合戶外烹調餐點時使用的綜合調味辛香料。

かしわ屋くろせ（有限公司黑瀬食鳥）
黑瀬辛香料（110g）價格：約190元

歷史悠久的雞肉專賣店特調萬能調味料，露營族的定番款辛香料。除了烹調雞、豬、牛料理時使用之外，炒蔬菜、漢堡排調味時，準備這一瓶就OK。

活用現成調理食品&
市售調味料！

獨自露營準備餐食的兩大要點是「減少行李」、「輕鬆調理」。因此最廣泛採用的是冷凍、真空包、加工食品等市售品。利用這類食品，花點心思，短時間內就能夠完成美味露營餐點。此外，活用市售真空包食品時，就很需要多準備幾種調味料。

購買事先分切、
燙煮過的蔬菜使用超便利！

超市或便利商店都買得到，事先切好、燙煮過的蔬菜，運用範圍廣，使用超方便！購買切成細絲的高麗菜，就能夠直接用於調理大阪燒，燙煮過的綜合咖哩食材包（包含馬鈴薯、紅蘿蔔、洋蔥等），搗碎就能夠作成可樂餅。既可節省分切、燙煮等前置作業時間，還可以減少垃圾量。

戶外露營最活躍的
冷凍食品&超商便利食品

已經完成製作、調味的食品，再加點巧思調理就更加美味可口。此外，組合運用這類食品，輕易地就能夠完成一道全新口味的料理。近年來，各大超商紛紛推出各自品牌的冷凍、便利食品，冷凍食品與家常菜都相當受歡迎。

本書中食譜的記載原則

●本書食譜是以 Twitter 帳號「LiloSHI」影片中介紹的創意料理為主。希望大家都能夠參考食譜輕易地重現美味，即便影片中使用不同的調理器具，還是儘量將製作程序整理成簡單易懂的食譜，希望書中的一部分食譜，能夠以熱壓烤盤完成製作。此外，材料使用十分重視調理方便性，部分食譜中材料已經過變更，與影片中使用的材料不盡相同。

●本書使用 P.12 介紹的直火加熱調理類型熱壓烤盤。

●本書食譜皆秉持「作法簡單易懂・便於組合變化・材料取得容易」的理念，因此食材部分大量使用現成調理食品。

●本書記載材料份量為熱壓烤盤烘烤 1 次的份量（約 1 人份）。

●作法步驟中省略蔬果類去皮等前置作業相關記載。

●書中介紹的食譜統一使用萬能辛香料「MAXIMUM」。

●熱壓烤盤塗抹食用油時，若食譜中未特別註記，請塗抹兩面。

●希望所有食譜皆能夠以熱壓烤盤完成製作，避免食材沾黏，製作步驟皆包含熱壓烤盤塗抹食用油步驟。使用鐵氟龍塗層加工處理等不沾類型熱壓烤盤時，不塗抹食用油也無妨。

●食譜中記載加熱程度、加熱時間皆為大致基準。請依據使用器具相關說明，邊觀察烹調程度，邊適度地調整。

●烹調料理可大致分成需要邊翻面邊烘烤，與烘烤時儘量避免翻面等方式（請參閱 P.15「避免翻面過度！」）。因此作法步驟中可看到「邊翻面邊烘烤約●分鐘」與「烘烤●分鐘後翻面，再烤●分鐘左右」兩種記載方式。翻面不影響內部食材狀態時，表記「邊翻面邊烘烤約●分鐘」。翻面可能影響烹調結果，需要確實地分別烘烤兩面時，則記載「烘烤約●分鐘後翻面，再烤●分鐘左右」。

PART 2

Twitter超人氣！

熱壓烤盤

HSM
創意料理食譜
TOP10

※點閱次數為2021年2月數據。

> 追加起司，
> 廚藝白痴絕望度更加提昇！

烤培根馬鈴薯

#超級簡單的烤培根馬鈴薯，適合搭配高球雞尾酒享用！

材料(1次份)

帶皮水煮馬鈴薯（市售）……6顆（230g）
切片包裝的培根……1包（5片）
調味料（德國馬鈴薯餅使用）……1包（6g）
煙燻起司片……4片
橄欖油……適量
Tabasco 辣椒醬……依喜好

作法

1 熱壓烤盤薄薄地塗抹橄欖油，排入馬鈴薯後對半切開。

2 培根撕成方便食用的大小後，加在步驟 1 上。

3 步驟 2 撒上調味料，加上2片煙燻起司片。

4 蓋上熱壓烤盤，邊翻面邊以中小火烘烤約8分鐘。

5 打開熱壓烤盤，再加上2片煙燻起司片。

6 蓋上熱壓烤盤，繼續以小火烘烤約1分鐘，至起司完全融化為止。

7 烤好後離火，依喜好淋上Tabasco辣椒醬。

烘烤前

裹滿起司的烤培根馬鈴薯
會不會太好吃啊！

Iy rone's Recipe 2

烹調草率程度
超越上回！

炸豬排 ver.2.0

以熱壓烤盤就可以輕鬆製作的炸豬排，適合搭配啤酒享用！

材料(1次份)

豬里肌肉（炸豬排用）…… 1 片（100g）
麵粉…… 1 大匙
蛋液…… 1 個份
麵包粉…… 30g
橄欖油…… 2 大匙
MAXIMUM 辛香料…… 適量
豬排醬…… 適量

作法

1　將豬里肌肉放入盤子等容器裡，兩面都撒上 MAXIMUM辛香料。

2　步驟1兩面分別裹上麵粉，淋上蛋液，整片肉都沾滿蛋液。

3　將麵包粉與橄欖油倒入調理盆後攪拌均勻。

4　將1/2份量的步驟3杓入熱壓烤盤裡，均勻地抹開後，疊上步驟2的肉片。

5　將剩餘麵包粉加在步驟4上，肉片上都沾滿麵包粉。

6　蓋上熱壓烤盤，以小火烘烤約5分鐘，翻面後再以小火烤4分鐘左右。

7　烤好後盛入容器裡，切成方便食用的大小，淋上豬排醬。

Point

步驟3混合材料後，麵包粉吸入橄欖油，少量油就完成口感酥脆的油炸料理。

烘烤前

外酥內嫩的美味炸豬排
沒有經過油炸喔！

23

外皮酥脆的HSM
尺寸特大號創意煎餃

▶ 點閱次數122萬次！

不用包！創意煎餃

大量使用高麗菜絲的創意煎餃，適合搭配高球雞尾酒享用！

材料(1次份)

餃子皮⋯⋯ 1 包（25 片裝）
Ⓐ 高麗菜絲（市售）⋯⋯ 1 包（150g）
　豬絞肉⋯⋯100g
　韭菜⋯⋯ 1/4 把（25g）
　太白粉⋯⋯1+1/2 小匙
　蒜泥（軟管裝）⋯⋯ 適量
　生薑泥（軟管裝）⋯⋯ 適量
　醬油⋯⋯ 1 小匙

芝麻油⋯⋯ 適量
餃子沾醬（市售）
或醬油、辣油、醋⋯⋯ 適量

作法

1　將材料Ⓐ的韭菜切成長1cm。

2　將材料Ⓐ倒入調理盆後攪拌均勻。

3　熱壓烤盤薄薄地塗抹芝麻油後，鋪上1/2份量（12～13片）的餃子皮，鋪滿烤盤（露出邊緣也OK）。

4　步驟3加入步驟2後鋪平，鋪滿烤盤範圍。

5　覆蓋餡料似地，將剩餘的餃子皮疊在步驟4上，再將超出範圍的餃子皮往內摺。

6　蓋上熱壓烤盤，以中小火烘烤6分鐘，翻面後再烤5分鐘左右。食材釋出水分時，趁翻面時瀝乾多餘的水分。

7　盛入容器裡，附上餃子沾醬。

Point

拍攝影片時，冰箱裡只有鴨兒芹，因此拿來取代韭菜。事實上，包餃子使用韭菜才是王道。

烘烤前

完全顛覆餃子的概念！
用撒皮不用包也能夠完成美味煎餃！

> 使用真空包漢堡排，完全不需要調味料！

▶ 點閱次數97萬次！

日式漢堡排

#使用超商的金牌漢堡排製作，適合搭配高球雞尾酒享用！

材料(1次份)

爆漿起司漢堡排（真空包）…… 1 包
麵包粉…… 4 大匙
橄欖油…… 2 大匙

作法

1 將麵包粉與橄欖油倒入調理盆後攪拌均勻。

2 將1/2份量的步驟**1**杓入熱壓烤盤裡，均勻地抹開後，疊上真空包爆漿起司漢堡排。剩餘的醬汁倒入容器裡，不丟棄。

3 加上剩餘的麵包粉。

4 蓋上熱壓烤盤，以中小火烘烤約4分鐘，翻面後再烤4分鐘左右。

5 盛入容器裡，切成方便食用的大小，將步驟**2**留下的醬汁加熱後淋在最上面。

烘烤前

一滴不剩！
淋漓盡致地使用醬汁。
以真空包漢堡排
重現日式漢堡排美味！

可撕開煙燻起司棒
烹調的美味料理令人驚喜!

爆漿起司炸薯餅

#超好吃的爆漿起司薯餅,適合搭配STRONG ZERO罐裝調酒享用!

材料(1次份)

馬鈴薯餅(冷凍食品)…… 4 片
可撕開起司棒…… 1 包(2 條裝)
沙拉油…… 適量
番茄醬、芥末醬、Tabasco 辣椒醬、美乃滋等…… 依喜好。

作法

1 熱壓烤盤薄薄地塗抹沙拉油後,排放2片馬鈴薯餅。

2 步驟1 分別加上1條可撕開煙燻起司棒。

3 步驟2 分別疊上1片馬鈴薯餅,蓋上熱壓烤盤,邊翻面邊以中小火烘烤約10分鐘。

4 盛入容器裡,對切成兩半,依喜好沾上番茄醬、芥末醬等更美味。

Point

影片中以鐵籤串上煙燻起司棒後,分別加在馬鈴薯餅上。直接烘烤完成薯餅更漂亮!

烘烤前

馬鈴薯餅夾入起司
絕頂美味！

> 圓形披薩強行摺邊
> 完成超商人氣商品般美味料理！

▶ 點閱次數87萬次！

瑪格麗特披薩

#可以忠實呈現美味以滿足欲望的瑪格麗特披薩，適合搭配高球雞尾酒享用！

材料(1次份)

瑪格麗特披薩（冷凍食品）……1 片（190g）
蒜味香腸……1 條
可撕開起司棒……1 條
沙拉油……適量
MAXIMUM 辛香料……適量
Tabasco 辣椒醬……依喜好

MAXIMUM辛香料換成自己喜歡的戶外專用辛香料，忠實呈現美味度大大提升！

作法

1 熱壓烤盤薄薄地塗抹沙拉油後，放入瑪格麗特披薩。

2 步驟1中央橫向並排香腸。

3 可撕開起司棒撕成適當大小後，加在步驟2上。淋上冷凍瑪格麗特披薩附帶醬汁，撒上MAXIMUM辛香料。

4 包裹餡料似地摺入超出烤盤範圍的披薩。

5 蓋上熱壓烤盤，邊翻面邊以中小火烘烤8～10分鐘。

6 盛入容器裡，切成方便食用的大小，依喜好淋上Tabasco辣椒醬。

烘烤前

圓形大披薩強行摺邊
包入香腸
完成全新感覺的熱食小點心

> 炒麵&章魚燒
> 兩種材料合體完成這道餐點！

▶ 點閱次數122萬次！

炒麵章魚燒

杯裝炒麵與水煮章魚肉塊的完美結合，烘烤完成炒麵風味章魚燒。

材料(1次份)

杯裝炒麵…… 1 份
水煮章魚（隨意切塊）…… 腳 2 根
雞蛋…… 1 顆
麵粉…… 2 大匙
澄清雞湯（顆粒）…… 1 小匙
水…… 4 大匙

沙拉油…… 適量
調味醬、柴魚片…… 適量

作法

1 撕開杯裝炒麵的紙蓋，取出內附粉末狀等調味料。

2 將紙蓋蓋在麵體上，握起拳頭，朝著紙蓋，敲碎麵體。

3 步驟**2**添加雞蛋、麵粉、澄清雞湯（顆粒）、水後攪拌均勻。

4 熱壓烤盤薄薄地塗抹沙拉油後，放入1/2份量的步驟**3**。

5 步驟**4**加上隨意切塊的水煮章魚，疊上剩餘的步驟**3**。

6 蓋上熱壓烤盤，邊翻面邊以中小火烘烤8～10分鐘。

7 盛入容器裡，撒上內附粉末狀調味料、醬汁、柴魚片後，切成方便食用的大小。

Point

如影片中介紹，買到內附法式澄清湯的杯裝炒麵時，可取代材料欄列出的澄清雞湯。

烘烤前

完全不用花腦筋！
一道餐點融合兩種美味的
創意食譜！

小心過量!!
熱愛甜食者欣喜若狂的惡魔般美味甜點！

卡路里怪獸

就算是世界末日前夜，熱愛甜食與酒類的人依然毫不退縮地製作卡路里怪獸。

※ 這是含酒精成分的料理食譜。

材料(1次份)

菠蘿麵包……1 個
巧克力脆片冰淇淋……1 盒
奶油（切塊類型）……1 塊（10g）
蜂蜜風味威士忌（利口酒）……適量

作法

1 將奶油放入熱壓烤盤裡，加熱融解，塗滿整個烤盤。

2 將菠蘿麵包放入步驟1蓋上熱壓烤盤，邊翻面邊以小火烘烤約4分鐘。

3 離火後切成4等分，盛入容器裡。

4 步驟3加上巧克力脆片冰淇淋，淋上蜂蜜風味威士忌。

Point

菠蘿麵包容易烤焦，需留意！以小火烘烤，隨時打開熱壓烤盤，觀察烘烤程度。

烘烤前

搭配卡魯哇牛奶（Kahlua Milk）完成套餐 請盡情地享用！

相較於使用平底鍋或烤箱 更輕鬆地烘烤完成美味牛排！

▶ 點閱次數73萬次！

串烤牛排

以熱壓烤盤烘烤重約1磅的牛肉，完成美味串烤牛排！

材料(1次份)

牛肉（牛排用）⋯⋯ 1 塊（390g）
MAXIMUM 辛香料⋯⋯ 適量
牛油⋯⋯ 1 塊（7g）
牛排醬（市售）⋯⋯ 依喜好。

作法

1 牛肉等間隔插入鐵籤，由鐵籤之間切開，完成4串牛肉串。

2 將牛油放入熱壓烤盤裡，邊加熱融解邊塗滿烤盤後，並排步驟1。

3 蓋上熱壓烤盤，邊翻面邊以中小火烘烤約16分鐘。烘烤過程中大量釋出油分與水分時，邊烘烤邊倒出。

4 烤好後離火，撒上MAXIMUM辛香料。

5 依喜好沾上市售牛排醬後享用。

Point

以生牛肉製作牛排時，於步驟4蓋上熱壓烤盤後靜置，靠餘熱就能夠烤熟。

烘烤前

厚厚的肉片插入鐵籤後切開，
烘烤一下就完成美味串烤牛排！
這就是獨自露營的醍醐味。

烹調重點是
確實地裹上烤肉醬後烘烤

▶ 點閱次數85萬次！

成吉思汗烤肉串

以熱壓烤盤烘烤美味羊肉肉串，適合搭
配SAPPORO 啤酒享用！

材料(1次份)

成吉思汗烤肉用羊肉片……200g
沙拉油……適量
成吉思汗烤肉醬（市售）……3 大匙

作法

1 羊肉片來來回回地串在鐵籤上（請參
照 Point ）。共完成4串。

2 熱壓烤盤薄薄地塗抹沙拉油後，並排
步驟1的羊肉串。

3 蓋上熱壓烤盤，以中小火烘烤約4分
鐘，翻面後再烤4分鐘左右。

4 打開熱壓烤盤，淋上成吉思汗烤肉
醬，轉動羊肉串，確實地裹上烤肉
醬。

燒烤前

Point

羊肉片不攤開，
如圖中作法，來
來回回地串在鐵
籤上。

38

PART 3

保證「美味可口！」

輕鬆上手不絕望的

熱壓烤盤

HSM

創意料理食譜

以HSM尺寸製作
特大號爆漿起司炸雞塊

爆漿起司炸雞塊

\# 隨興烹調就可以美味上桌的料理,適合搭配高球雞尾酒享用!

材料(1次份)

雞絞肉⋯⋯ 150g
炸雞粉⋯⋯ 1 大匙
MAXIMUM 辛香料⋯⋯ 適量
會融化的起司片⋯⋯ 2 片
沙拉油⋯⋯ 適量
番茄醬⋯⋯ 依喜好

作法

1 將雞絞肉、炸雞粉、MAXIMUM辛香料倒入調理盆後攪拌均勻。

2 熱壓烤盤塗抹沙拉油後,儘量鋪平,放入1/2份量的步驟1。

3 步驟2加上會融化的起司片,覆蓋起司片似地疊上剩餘的步驟1儘量鋪平。

4 蓋上熱壓烤盤,以中小火烘烤約5分鐘,翻面後再烤4分鐘左右。

5 切成方便食用的大小,依喜好沾上番茄醬。

烘烤前

40

以HSM尺寸製作
特大號爆漿起司炸雞塊

難得以吐司麵包製作熱……
噢不！是製作開放式三明治！

起司漢堡排 on 吐司麵包

#超級簡單、輕鬆上手的起司漢堡！

材料(1次份)

生漢堡排（市售）……1片
會融化的起司片……5片
切片包裝的培根……1包（5片）
吐司麵包……1片
沙拉油……適量

作法

1 熱壓烤盤薄薄地塗抹沙拉油後，左半邊擺放生漢堡排。

2 蓋上熱壓烤盤，以中小火烘烤約6分鐘，翻面後再烤4分鐘左右。

3 打開熱壓烤盤，將培根放入還沒擺放食材的右半邊。

4 覆蓋步驟3的漢堡排與培根似地，加上會融化的起司片。

5 蓋上熱壓烤盤，翻面後以小火烘烤約1分鐘，至起司融化為止。

6 烤到滋滋作響後，加上吐司。

7 蓋上熱壓烤盤，邊翻面邊以小火烘烤約2分鐘後離火。

烘烤前

漢堡排＆培根，連麵包都沈入起司大海，
豪邁地烘烤完成的美味餐點。

加入油豆腐
激盪出絕妙美味

泡菜起司烤豬五花肉

#烘烤完成泡菜起司烤豬五花肉後，佐以高球雞尾酒的影片。

材料(1次份)

豬五花肉片……200g
白菜泡菜……200g
切成條狀的油豆腐……2 片份
會融化的起司片……1 片

作法

1 將豬五花肉片平鋪入熱壓烤盤裡。

2 步驟1加上白菜泡菜與1/2份量的油豆腐。

3 步驟2加上會融化的起司片後，加上剩餘的油豆腐。

4 蓋上熱壓烤盤，以小火烘烤約2分鐘，翻面後再以小火烤2分鐘左右。

5 豬五花肉側朝上，離火後，包裹餡料似地捲起豬五花肉片盡情地享用。

烘烤前

豬肉鮮美味道＆起司風味
油豆腐吸入後完成的料理更加美味！

> 更進一步地
> 加重罪惡感

罪惡感爆表的披薩

製作步驟繁複、調理充滿變化,超級「罪惡感」的美味披薩,適合搭配鑽石切割
罐冰結調酒享用!

材料(1次份)

瑪格麗特披薩(冷凍食品)⋯⋯ 1 片 (190g)
會融化的起司片⋯⋯ 3 片
粗絞香腸⋯⋯ 4 條
白菜泡菜⋯⋯ 80g
沙拉油⋯⋯ 適量
美乃滋、Tabasco 辣椒醬⋯⋯ 依喜好。

作法

1 瑪格麗特披薩中央,加上2片會融化的起司片與粗絞
香腸。

2 熱壓烤盤薄薄地塗抹沙拉油後,避免破壞形狀,將
步驟1移入熱壓烤盤。

3 步驟2先加上泡菜,再加上另1片會融化的起司片。

4 包入餡料似地,摺入超出烤盤範圍的披薩。

5 蓋上熱壓烤盤,邊翻面邊以中小火烘烤約8分鐘。

6 盛入容器裡,切成方便食用的大小。依喜好加上美乃
滋或Tabasco辣椒醬也OK。

烘烤前

充滿我個人風格的變化作法，
以HSM完成讓人吃了很有「罪惡感」
的道地美味！

LECONOME MADE in FRANCE

蒜薹
可依喜好增加份量

蒜薹烤香腸

#熱壓烤盤排入蒜味香腸，加入蒜薹，
完成蒜香四溢的美味料理！

材料(1次份)

蒜薹⋯⋯ 90g
蒜味香腸⋯⋯ 3 條（180g）
沙拉油⋯⋯ 適量

作法

1　將蒜薹切成可放入熱壓烤盤的長度。

2　熱壓烤盤薄薄地塗抹沙拉油後，交互
　排入香腸與蒜薹。

3　蓋上熱壓烤盤，邊翻面邊以中小火烘
　烤約6分鐘。

烘烤前

義大利麵醬汁也可以當做調味料使用超方便!

香蒜辣椒義大利麵醬烤雞翅

＃超方便就可以完成的香蒜辣椒風味料理!

材料(1次份)

雞二節翅(縱向切開) …… 16 支
香蒜辣椒義大利麵醬(Peperoncino 醬)……
1 包 (22g)
沙拉油…… 適量

作法

1. 熱壓烤盤薄薄地塗抹沙拉油後,儘量避免重疊,排入雞二節翅。

2. 蓋上熱壓烤盤, 以中小火烘烤約5分鐘,翻面後再烤4分鐘左右。

3. 熄火後, 打開熱壓烤盤, 淋上 Peperoncino醬。

4. 再蓋上熱壓烤盤,輕輕地晃動,促使雞翅表面裹滿Peperoncino醬。

烘烤前

Point

撒上帕馬森起司粉或淋上Tabasco辣椒醬也good!

大蔥豬肉捲

#為蔬菜日而準備以2根大蔥、豬五花肉片捲上蔥段，製成的美味料理，搭配高
球雞尾酒享用！

材料(1次份)

大蔥…… 2 根
豬五花肉片…… 6 片
MAXIMUM 辛香料…… 適量

作法

1 長大蔥分成蔥白與蔥綠部分，蔥白再切成三等分，切
成蔥段。

2 以豬五花肉片捲入步驟1。1片肉捲入1段蔥。

3 將步驟2排入熱壓烤盤裡，撒上MAXIMUM辛香料。

4 蓋上熱壓烤盤，翻面後打開，另一面也撒上
MAXIMUM辛香料。

5 蓋上熱壓烤盤，以中小火烘烤約4分鐘，翻面後再烤
3分鐘左右。

6 烤好後一併切成兩段，盛入容器裡。

Point

將蔥綠部分做成蔥醬，淋
在肉捲上也很美味！

烘烤前

蔥味鮮甜&肉味香濃
令人一入口就欲罷不能的
美味料理

使用市售高麗菜絲
輕鬆完成製作

豚平燒 ※

#以熱壓烤盤烘烤豚平燒※1，好吃又方便！

※豚平燒：發源於日本關西知名鐵板燒老店『本とん平』，是日俄戰爭時期曾為戰俘的老闆，參考當地軍隊伙食後開發的鐵板燒菜單。

材料(1次份)

豬五花肉…… 100g
雞蛋…… 1 顆
高麗菜絲（市售）…… 150g
MAXIMUM 辛香料…… 適量
醬汁、綠海苔、柴魚片…… 適量

作法

1 豬五花肉片撒上MAXIMUM辛香料後備用。雞蛋打入調理盆，攪打成蛋液。

2 將豬五花肉排放入熱壓烤盤後，淋上蛋液。

3 步驟2加上高麗菜絲。

4 蓋上熱壓烤盤，以中小火烘烤約4分鐘，翻面後再烤4分鐘左右。

5 盛入容器裡，淋上醬汁，撒上綠海苔、柴魚片。

Point

豬五花肉經過烘烤就會釋出油分，因此熱壓烤盤不塗抹沙拉油也無妨。感覺會沾鍋時則抹油。加上會融化的起司片烘烤也很美味！第1片不加，第2片加上起司也很OK。

烘烤前

不裹蛋液
作法超隨性的點心

> 邊烘烤漢堡排
> 邊完成美味醬汁

五花肉邊漢堡排

#用五花肉片圍邊的豪華漢堡排，適合搭配日本版金賓高球雞尾酒享用！

材料(1次份)

生漢堡排（市售）……2 片
豬五花肉……2～4 片
沙拉油……適量
烤肉醬或漢堡排醬（市售）……適量

作法

1. 沿著生漢堡排側邊捲上豬五花肉片。

2. 熱壓烤盤塗抹沙拉油後，並排步驟1。

3. 蓋上熱壓烤盤，以中小火烘烤約6分鐘，翻面後再烤4分鐘左右。

4. 打開熱壓烤盤，淋上烤肉醬，以中火加熱約20秒後離火。

烘烤前

肉片太厚不容易烤熟，
因此以刀背敲打處理成適當厚度！

照燒醬烤雞胸肉

#雞胸肉以刀背敲打處理成適當厚度，再淋上
照燒醬，適合搭配高球雞尾酒享用！

材料 (1次份)

雞胸肉……1 片（260g）
太白粉……2 大匙
照燒醬（市售）……2 大匙
芝麻油……適量
辣油……依喜好

作法

1 雞胸肉以刀背敲打，儘量處理成相同
厚度後，兩面確實地裹上太白粉。

2 熱壓烤盤塗抹芝麻油後，放入步驟1。

3 蓋上熱壓烤盤，以中小火烘烤約8分
鐘，翻面後再烤7分鐘左右。

4 打開熱壓烤盤，淋上照燒醬，以湯匙
背等抹開醬汁。

5 蓋上熱壓烤盤，邊翻面，繼續以中小
火烤1分鐘左右。

6 盛入容器裡，切成方便食用的大小，
依喜好淋上辣油也OK。

烘烤前

雞胗價格實惠、口感佳，
適合烹調下酒小菜，拿來配飯也美味。

芝麻油烤雞胗

#撒上黑賴MAXIMUM辛香料，淋上芝麻
油，香氣四溢的悶烤雞胗，適合搭配
STRONG ZERO罐裝調酒享用！

材料(1次份)

雞胗⋯⋯ 100g
MAXIMUM 辛香料⋯⋯ 適量
芝麻油⋯⋯ 1 大匙

作法

1 將雞胗切成方便食用的大小。

2 儘量避免重疊，將步驟1排入熱壓烤
   盤裡，撒上MAXIMUM辛香料，淋上
   芝麻油。

3 蓋上熱壓烤盤，以中小火烘烤約3分
   鐘，翻面後再烤3分鐘左右。

烘烤前

雞皮多裹一些太白粉
烤出來的口感更加酥脆！

口感酥脆的烤雞皮

擁有斯脆口感的烤雞皮，建議搭配高
球雞尾酒享用！

材料(1次份)

雞皮……150g
太白粉……2大匙
MAXIMUM 辛香料……適量
一味辣椒醬……依喜好

作法

1 將雞皮與太白粉倒入熱壓烤盤後攪拌
均勻。

2 步驟1儘量鋪平，蓋上熱壓烤盤，以中
小火烘烤約5分鐘，翻面後再烤5分鐘
左右。

3 盛入容器裡，撒上MAXIMUM辛香料。

4 依喜好撒上一味辣椒粉也OK。

烘烤前

> 沒有烤箱也沒關係！
> 短時間內就輕易地完成豬肋排

烘烤一下就完成的豬肋排

#以熱壓烤盤簡單烘烤的豬肋排！

材料(1次份)

豬肋排……6 支 （300g）
MAXIMUM 辛香料…… 適量
橄欖油…… 適量

作法

1. 豬肋排撒上MAXIMUM辛香料。

2. 熱壓烤盤薄薄地塗抹橄欖油後，並排步驟 1。

3. 蓋上熱壓烤盤，以中小火烘烤約8分鐘，翻面後再以中火烤6分鐘左右。豬肋排大量釋出水分時，請邊烘烤邊倒出多餘的水分。

烘烤前

搭配蘿蔔嬰
以小蔥或萬能蔥取代也OK

烤豬舌

#切片豬舌最直接的美味，適合搭配八海山「宜有千萬」燒灼享用！

材料(1次份)

切片豬舌⋯⋯ 150g
蔥鹽（軟管裝）⋯⋯ 適量
大蔥⋯⋯ 1/4 根
蘿蔔嬰⋯⋯ 適量
芝麻油⋯⋯ 1 大匙

作法

1　熱壓烤盤塗抹芝麻油後，儘量避免重疊，排入切片豬舌。

2　步驟1的切片豬舌分別擠上蔥鹽。

3　步驟2分別加上斜切成薄片的大蔥。

4　蓋上熱壓烤盤，直接以中小火烘烤約5分鐘。不翻面！

5　烤好後離火，加上蘿蔔嬰。

烘烤前

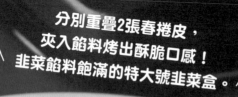
分別重疊2張春捲皮，
夾入餡料烤出酥脆口感！
韭菜餡料飽滿的特大號韭菜盒。

「這是春捲？」
千萬別這麼認為喔！

韭菜盒

#兩張春捲皮加入餡料，呈現酥脆外皮，

材料(1次份)

豬絞肉…… 100g
韭菜…… 1/2 把（50g）
春捲皮…… 4 張
生薑泥（軟管裝）……5cm
MAXIMUM 辛香料…… 適量
醬油…… 適量
芝麻油…… 適量
沾醬（醬油、辣油）…… 適量

作法

1 韭菜切碎備用。

2 將豬絞肉、步驟 **1**、生薑、MAXIMUM辛香料、醬油
倒入調理盆後，攪拌均勻。

3 熱壓烤盤薄薄地塗抹芝麻油後，重疊放入2張春捲
皮。此時，春捲皮超出烤盤範圍也無妨。

4 步驟 **3** 加上步驟 **2** 儘量鋪平。

5 步驟 **4** 再重疊2張春捲皮，然後將超出烤盤範圍的春
捲皮往內摺。（漏翻譯）

6 蓋上熱壓烤盤，以中小火烘烤約4分鐘，翻面後再烤
4分鐘左右。

7 盛入容器裡，切成方便食用的大小，沾上醬油與辣油
調成的沾醬後享用。

Point

烘烤過程中打開熱壓烤
盤，追加芝麻油，完成韭菜
盒，外皮口感更加酥脆。

烘烤前

蓮藕&絞肉
搭配性絕佳！

> 盡情享受蓮藕的爽脆口感

蓮藕鑲肉

#以熱壓烤盤烘烤，完成香氣撲鼻的蓮藕鑲肉後，搭配高球雞尾酒享用！

材料(1次份)

水煮蓮藕（市售）…… 1 包（100g）
豬絞肉…… 200g
雞蛋…… 1 顆
調味料（漢堡排用）…… 1 包（7g）
麵粉…… 1 大匙

高麗菜絲（市售）…… 30g
太白粉…… 2 小匙
沙拉油…… 適量
醬汁或 Tabasco 辣椒醬等…… 依喜好

作法

1 蓮藕瀝乾水分備用。使用條狀蓮藕時，先切成厚約5mm片狀，大約準備12片。

2 將豬絞肉與雞蛋倒入調理盆，添加調味料。

3 步驟2添加麵粉與高麗菜絲後，充分地混合攪拌出黏稠感。

4 熱壓烤盤薄薄地塗抹沙拉油後，大約排入6片蓮藕，儘量避免重疊。

5 步驟4加上步驟3儘量鋪平後，再排入6片蓮藕。

6 步驟5撒上1/2份量的太白粉，暫時蓋上熱壓烤盤，翻面後打開，將剩餘的太白粉撒在另一面。

7 暫時蓋上熱壓烤盤，以中小火烘烤約5分鐘，翻面後再烤5分鐘左右。

8 盛入容器裡，切成方便食用的大小，依喜好淋上醬汁或Tabasco辣椒醬等。

Point
烹調時將蓮藕換成甜椒也OK。

烘烤前

63

麻婆豆腐調味醬加上蔥花
美味程度就大大提昇！

64

與影片中使用不同款熱壓烤盤
因此稍微變更了作法！

麻婆茄子

#以熱壓烤盤烘烤完成麻婆茄子，適合搭配朝日啤酒SUPER DRY享用！

材料(1次份)

茄子…… 中 3 條
麻婆豆腐調味醬（真空包）…… 1 包
太白粉…… 2 大匙
蔥花（市售）…… 1 包
芝麻油…… 2 大匙

作法

1 茄子切除蒂頭後，斜切成厚約1.5cm片狀。

2 熱壓烤盤撒滿太白粉，分別放入1～2片茄子，均勻地裹上太白粉。

3 所有的茄子都裹上太白粉後，淋上芝麻油。

4 蓋上熱壓烤盤，以中小火烘烤約4分鐘，翻面後再烤3分鐘左右。

5 打開熱壓烤盤，加入麻婆豆腐調味料與蔥花後，以小火繼續加熱，微微拌炒至蔥花熟透為止。

烘烤前

微微地烤焦
關鍵是大蒜醬油！

66

將白菜改成高麗菜
HSM版烤千層創意料理

高麗菜豬里肌烤千層

#交互堆疊高麗菜與豬里肌肉片，隨性地完成後，佐以朝日啤酒SUPER DRY的影片。

材料(1次份)

高麗菜⋯⋯ 小 1/2 顆（300g）
豬里肌肉⋯⋯ 6 片（150g）
豬排醬油（大蒜風味）⋯⋯ 適量
沙拉油⋯⋯ 適量

作法

1 高麗菜不需要一片片地剝開，直接切成寬1cm片狀。

2 將熱壓烤盤薄薄地塗抹沙拉油後，適量放入步驟1的高麗菜，再加上2片豬里肌肉片。

3 如同步驟2作法，再疊上高麗菜與豬里肌肉片，最後一層疊上豬里肌肉片。疊放過程中感覺其中一種食材份量較多時，中途增加另一種食材的份量也OK。

4 蓋上熱壓烤盤，以中小火烘烤約5分鐘。一開始無法蓋上也沒關係。烘烤至能夠蓋上時，確實地扣上柄部扣環。

5 邊烘烤，邊由烤盤之間縫隙倒出多餘水分，翻面後再烤5分鐘左右。

6 打開熱壓烤盤，淋上烤豬排用醬油，然後打開熱壓烤盤，直接以弱中火加熱約20秒後離火。

烘烤前

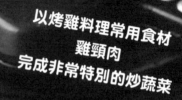

以烤雞料理常用食材
雞頸肉
完成非常特別的炒蔬菜

68

> 以肉質Q彈、味道鮮美的雞頸肉
> 烤出絕妙滋味

烤高麗菜雞頸肉

雞頸肉搭配高麗菜等食材，搭配KIRIN LAGER啤酒享用！

材料(1次份)

雞頸肉…… 8 塊 （120g）
已分切的蔬菜（市售）…… 150g
泥狀香味調味料（軟管裝）…… 約 8cm
沙拉油…… 適量

作法

1 熱壓烤盤薄薄地塗抹沙拉油後，倒入已分切的蔬菜。

2 步驟1排入雞頸肉後，蓋上熱壓烤盤，以中小火烘烤約5分鐘，翻面後再4烤分鐘左右。食材大量釋出水分時，邊烘烤邊倒出。

3 雞頸肉朝上，打開熱壓烤盤，加入香味調味料。

4 蓋上熱壓烤盤，邊翻面邊繼續以中小火烤1分鐘左右。

5 所有食材吸入香味調味料的味道後離火。

Point

四個角上部位與正中央都加入香味調味料，所有食材更容易吸入調味料味道。

烘烤前

> 不是「韭菜炒豬肝」
> 這是「韭菜烤豬肝」！

韭菜烤豬肝

#適合搭配朝日啤酒SUPER DRY！

材料(1次份)

韭菜……1 把
豬肝（烤肉用）……150g
芝麻油……1 大匙
烤肉醬（市售）……1 大匙

作法

1. 韭菜切成長約5cm。

2. 將豬肝排入熱壓烤盤裡，覆蓋豬肝似地加上步驟1，淋上芝麻油。

3. 蓋上熱壓烤盤，以中小火烘烤約4分鐘，翻面後再烤3分鐘左右。食材大量釋出水分時，邊烘烤邊倒出。

4. 步驟3淋上烤肉醬，加熱約20秒後離火。

烘烤前

最後淋上燒烤醬
白蘿蔔吸足美味

薑燒豬里肌

#加入白蘿蔔蔬菜沙拉特製而成，適合
搭配生啤酒享用！

材料(1次份)

已分切白蘿蔔蔬菜沙拉(市售) …… 1 包(125g)
豬里肌肉…… 5 片
生薑燒烤醬（市售）…… 2 大匙
沙拉油…… 適量

作法

1 熱壓烤盤薄薄地塗抹沙拉油後，倒入
白蘿蔔蔬菜沙拉，儘量鋪平，接著排
放豬里肌肉片。

2 蓋上熱壓烤盤，以中小火烘烤約5分
鐘，翻面後再以中火烤4分鐘左右。白
蘿蔔大量出水時，邊烘烤邊倒出。

3 打開熱壓烤盤，淋上生薑燒烤醬。

4 再蓋上熱壓烤盤，邊翻面邊以中火烤1
分鐘左右。

烘烤前

搭配塔塔醬最對味
味道絕妙的可樂餅！

> 馬鈴薯＆紅蘿蔔水煮包
> 適合烹調各式料理，用途廣泛！

魚＆馬鈴薯可樂餅

#烘烤完成魚＆馬鈴薯可樂餅後，適合搭配高球雞尾酒享用！

材料(1次份)

馬鈴薯、紅蘿蔔水煮包（市售）…… 1 包（240g）
白肉魚片（去皮、去骨）…… 3 片
鹽、胡椒粉…… 適量
麵粉…… 3 大匙
麵包粉…… 30g
橄欖油…… 2 大匙

塔塔醬（市售）…… 適量
檸檬汁、Tabasco 辣椒醬…… 依喜好

作法

1 馬鈴薯、紅蘿蔔水煮包（市售）確實地瀝乾水分。

2 將步驟1白肉魚片倒入調理盆，以湯匙等搗碎，添加鹽、胡椒粉、麵粉後，攪拌均勻。

3 將麵包粉與橄欖油倒入另一個調理盆後攪拌均勻。

4 將1/2份量的步驟3平鋪入熱壓烤盤後，接著平鋪步驟2，最後加上剩餘的步驟3。

5 蓋上熱壓烤盤，以中小火烘烤約5分鐘，翻面後再烤4分鐘左右。

6 離火後，打開熱壓烤盤，以廚房紙巾吸掉多餘的油份（請參閱P.112）。

7 盛入容器裡，附上市售塔塔醬。依喜好淋上檸檬汁、Tabasco辣椒醬也OK。

烘烤前

融合三種絕配食材完成美味佳餚！
佐酒配飯大飽口福！

添加奶油醬油
同樣美味可口

金針菇鮭魚奶油燒

#鮭魚與金針菇加上奶油後烘烤完成，適合搭配高球雞尾酒享用！

材料(1次份)

新鮮鮭魚片…… 2 片
金針菇…… 1 束（100g）
MAXIMUM 辛香料…… 適量
奶油…… 10g

作法

1. 金針菇切掉根部後分成小束。

2. 熱壓烤盤先排入鮭魚，再加上金針菇。

3. 步驟 2 撒上MAXIMUM辛香料後，加上奶油。

4. 蓋上熱壓烤盤，以中小火烘烤約4分鐘，翻面後再烤3分鐘左右。

5. 金針菇側朝上，離火完成美味佳餚。

烘烤前

> 相較於使用烤網
> 更節省時間，餐後整理也更輕鬆！

HSM 烤魚
（鯖魚篇）

#適合搭配日本酒享用！

材料(1次份)

鹽味鯖魚…… 半片
醬油…… 適量

作法

1 鯖魚橫向切成兩部分。

2 將鯖魚排入熱壓烤盤裡。

3 蓋上熱壓烤盤，以中小火烘烤約4分鐘，翻面後再烤3分鐘左右。

4 打開熱壓烤盤，淋上醬油，加熱約10秒後離火。

Point

鯖魚等油脂含量高，可直接烘烤。但烘烤魚片或油脂較少的魚類食材時可能沾黏，烘烤前，熱壓烤盤薄薄地抹油比較好。

烘烤前

沒想到⋯秋刀魚切成兩段，
放入HSM竟然這麼剛剛好。

HSM 烤魚
（秋刀魚篇）

#可以一次烘烤兩條秋刀魚，適合搭配
高球雞尾酒享用。

材料(1次份)

秋刀魚⋯⋯ 2 尾
醬油⋯⋯ 適量

作法

1 秋刀魚橫向切成兩段。

2 將秋刀魚排入熱壓烤盤裡。

3 蓋上熱壓烤盤，以中小火烘烤約4分
鐘，翻面後再烤3分鐘左右。

4 打開熱壓烤盤，淋上醬油，加熱約10
秒後離火。

烘烤前

77

可撕開起司棒
融化情況絕佳

起司香濃牽絲的蒜香炒飯

#夾入起司就可以熱壓完成,適合搭配高球雞尾酒享用。

材料(1次份)

冷凍炒飯⋯⋯ 300g
會融化的起司（煙燻風味）⋯⋯ 1 包 （2 條入）
蒜片（乾式）⋯⋯ 適量

作法

1 將1/2份量的冷凍炒飯,倒入熱壓烤盤後鋪平。

2 可撕開起司棒撕成適當大小後加在步驟 1 上。

3 覆蓋起司似地,步驟 2 加上剩餘1/2份量的冷凍炒飯,撒上蒜片。

4 蓋上熱壓烤盤,以中小火烘烤約6分鐘,邊翻面邊烘烤至呈現漂亮烤色。

5 盛入容器裡,切成方便食用的大小。

Point

影片中先以牛油爆香蒜片,再倒入炒飯。爆香蒜片時容易燒焦,本書中先倒入炒飯,再加入蒜片。兩種方法都很適合完成這道餐點。

烘烤前

冷凍炒飯美味大升級！
蒜香撲鼻，
起司香濃牽絲的炒飯。

> 以粉類食材烹調料理時，
> 以HSM製作更便利！

氣勢磅礴的廣島燒

#氣勢磅礴的廣島燒，適合搭配高球雞尾酒！

材料(1次份)

麵粉⋯⋯ 2 大匙
水⋯⋯ 3 大匙
炒麵（蒸煮）⋯⋯ 1 包
高麗菜絲（市售）⋯⋯ 100g

豬五花肉⋯⋯ 5 片
雞蛋⋯⋯ 1 顆
醬汁、綠海苔、美乃滋、柴魚片⋯⋯ 適量

作法

1. 將麵粉與水倒入熱壓烤盤後攪拌均勻。

2. 步驟 1 加入炒麵與高麗菜絲後，儘量鋪平。

3. 步驟 2 中央空出位置，以豬五花肉片圍邊似地，打入雞蛋。

4. 蓋上熱壓烤盤，以中小火烘烤約5分鐘，翻面後再烤4分鐘左右。

5. 打開熱壓烤盤，淋上醬汁後蓋上，翻面後再打開，另一面也塗抹醬汁。以湯匙背等抹開醬汁。

6. 加上綠海苔、美乃滋、柴魚片後離火。

> **Point**
>
> 影片中使用大型熱壓烤盤，書中使用一般尺寸，因此食材份量不同。

烘烤前

翻面輕鬆免擔心！
廣島燒風味濃厚的HSM菜單

> 是關西料理？還是廣島美食？其實我也不清楚
> 總之就是以粉類食材烹調的料理啦！

作法隨性的大阪燒

#炒麵加入雞蛋就能製作完成，適合搭配高球雞尾酒享用！

材料(1次份)

Ⓐ 豬五花肉……3 片
　高麗菜絲（市售）……50g
　炒麵（蒸煮）……1 包
　炸雞粉……2 大匙
水……3 大匙
雞蛋……1 顆
沙拉油……適量
醬汁、綠海苔、美乃滋、柴魚片……適量

作法

1　將材料Ⓐ倒入調理盆，邊切麵、邊混合材料。加水後再混合。

2　熱壓烤盤薄薄地塗抹沙拉油後，鋪滿步驟 1。

3　撥開步驟 2 中央的食材後，打入雞蛋。

4　打開熱壓烤盤狀態下加熱，高麗菜煮熟後蓋上，以中小火烘烤約4分鐘，翻面後再烤4分鐘左右。

5　盛入容器裡，淋上醬汁，加上綠海苔、柴魚片、美乃滋。

Point

一開始就蓋上熱壓烤盤烘烤，雞蛋會清不成形。建議先加熱，再蓋上（蓋上時機以高麗菜煮軟為大致基準）。

烘烤前

非常隨性地烘烤完成！
所以覺得特別好吃！！

> 使用HSM，一口氣完成半熟蛋炒麵。
> 實在真方便！

太陽蛋炒麵

#廚藝白痴也會做，讓人好想吃的宵夜！

材料(1次份)

炒麵（袋裝）…… 1 包
水…… 100ml
雞蛋…… 1 顆
美乃滋…… 依喜好

作法

1 將炒麵的麵體放入熱壓烤盤之後加水。

2 加熱後，蓋上熱壓烤盤（避免水溢出），以中小火烹煮約3分鐘。

3 打開熱壓烤盤，以長筷等，將麵體翻面後再蓋上，繼續以中小火烹煮3分鐘左右。

4 打開熱壓烤盤，拌開麵體，撒入袋裝炒麵內附粉末狀調味料，攪拌均勻。

5 將雞蛋打在步驟4中央，再次蓋上熱壓烤盤，翻面後以中火烘烤約1分鐘。

6 離火後，雞蛋側朝上，打開熱壓烤盤，撒上附帶的綠海苔，依喜好加上美乃滋。

烘烤前

將半熟太陽蛋拌入炒麵裡，
吃起來更加香濃滑潤！

巧克力麵包棒變身法式吐司

#巧克力麵包烘烤而成的法式吐司，適合搭配一杯濃縮咖啡享用！

材料(1次份)

巧克力棒麵包…… 5 根
Ⓐ 雞蛋…… 1 顆
　細白糖…… 1 小匙
　牛奶…… 2 大匙
楓糖漿（或蜂蜜）…… 依喜好

作法

1　將材料Ⓐ倒入調理盆後攪拌均勻。

2　巧克力棒麵包撕成可放入熱壓烤盤的大小。

3　熱壓烤盤裡鋪滿步驟2淋上1/2份量的步驟1促使吸收水分。

4　暫時蓋上熱壓烤盤，翻面後打開，淋上剩餘的步驟1。

5　蓋上熱壓烤盤，以中小火烘烤約4分鐘，翻面後再烤4分鐘左右。

6　盛入容器裡，切成方便食用的大小，依喜好淋上楓糖漿。

烘烤前

烤出焦焦的感覺，
麵包裡的巧克力苦味，
讓人吃了會上癮。

菠蘿麵包烘烤後，
成為口感風味截然不同的食物。

奶油菠蘿麵包

#適合搭配一杯濃縮咖啡享用！

材料(1次份)

菠蘿麵包……1個
軟管裝奶油……適量

作法

1 熱壓烤盤的兩面烤盤都塗抹軟管裝奶油。

2 將菠蘿麵包放入步驟**1**，蓋上熱壓烤盤，邊翻面邊以極小火烘烤4分鐘左右。

3 盛入容器裡裡，切成4等分。

Point

菠蘿麵包富含砂糖與奶油成分，非常容易烤焦，需留意！以極小火烘烤，過程中隨時觀察烘烤程度以免燒焦。

烘烤前

以HSM烘烤一下，
搖身一變成為口感酥脆的
奶油菠蘿麵包。

以IH電磁爐&HSM完成美味創意料理！

　　IH 電磁爐是設有「防止空燒裝置」，溫度太高時會自動停止運作的烹調用爐具。烹調烤物、炸物時，操作方便，但需要注意安全。相對地，非常適合製作鬆餅、大阪燒等，以穩定溫度烹調料理時使用。請依據實際需要，適當地選用烹調器具，使用過程中隨時確認烘烤程度與溫度等。

和平 FREIZ
ATSUHOKA Dining 適用 IH 電磁爐的熱壓烤盤
價格：約 1,100 元

外型小巧，操作簡單，適用IH電磁爐的熱壓烤盤。烤盤尺寸剛好放入一整片吐司麵包。烤盤內無區隔，可充分地放入食材。亦可使用瓦斯爐。

> IH電磁爐的最大優點是製作烤雞料理不怕烤焦掉！

以 IH 電磁爐完成美味烤雞串

#以適用IH電磁爐的熱壓烤盤，完成美味烤雞串，佐以高球雞尾酒的影片。

材料(1次份)

生烤雞串……4 串
烤肉醬（市售）……適量
沙拉油……適量

作法

1　熱壓烤盤薄薄地塗抹沙拉油後，排入烤雞串。

2　蓋上熱壓烤盤，以中小火烘烤約6分鐘，翻面後再烤6分鐘左右。

3　打開熱壓烤盤，淋上烤肉醬（小心噴濺！）。

4　打開熱壓烤盤狀態下，邊以小火烘烤，邊滾動烤雞串裹上烤肉醬後蓋上，以小火加熱20秒左右。

PART 4

輕鬆烹調、快速完成美味料理！

熱壓烤盤

便利食品 HSM

創意料理食譜

依喜好烤焦一點也OK！
味道更香濃。

添加乾燒蝦仁的鮮蝦手抓飯

#添加乾燒蝦仁讓料理變豐富，適合搭配高球雞尾酒享用！

材料(1次份)

鮮蝦手抓飯（冷凍食品）⋯⋯1 包（170g）
乾燒蝦仁（冷凍食品）⋯⋯1 包（140g）
溫泉蛋⋯⋯1 個
沙拉油⋯⋯適量

作法

1 熱壓烤盤薄薄地塗抹沙拉油後，倒入1/2份量的鮮蝦手抓飯，儘量鋪平，鋪滿整個烤盤。

2 步驟**1**添加乾燒蝦仁後，加上剩餘的鮮蝦手抓飯。

3 蓋上熱壓烤盤，邊翻面邊以中小火烘烤7～8分鐘。

4 盛入容器裡，切成方便食用的大小，加上溫泉蛋。

Point

表面微微地烤焦更美味，
邊觀察烘烤程度，邊調整
烹調時間！

烘烤前

鮮蝦倍增，
Q彈口感也大大提昇！

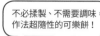

> 不必揉製、不需要調味，
> 作法超隨性的可樂餅！

日式可樂餅

#以便利商店食品改造組合而成的可樂餅，適合搭配高球雞尾酒享用！

材料(1次份)

雞肉丸子（冷凍食品）…… 1 包
明太子馬鈴薯沙拉（市售）…… 1 包
麵包粉…… 30g
橄欖油…… 2 大匙
Tabasco 辣椒醬…… 依喜好

作法

1 將雞肉丸子與明太子馬鈴薯沙拉倒入調理盆，以湯匙等搗碎後攪拌均勻。

2 將麵包粉與與橄欖油倒入另一個調理盆後攪拌均勻。

3 熱壓烤盤鋪入1/2份量的步驟 2 後，加上步驟 1，儘量鋪平，將剩餘的1/2份量麵包粉加在最上面。

4 蓋上熱壓烤盤，以中小火烘烤4分鐘，翻面後再烤4分鐘左右。

5 盛入容器裡，依喜好淋上Tabasco辣椒醬。

烘烤前

活用便利商店家常菜，
完成口感酥脆的可樂餅。

> 不加溫泉蛋也OK！

拔絲地瓜唐揚雞

#適合搭配高球雞尾酒享用！

材料(1次份)

醃醬唐揚雞塊（冷凍食品）⋯⋯ 1 包 （160g）
拔絲地瓜（冷凍食品）⋯⋯ 1 包（90g）
溫泉蛋⋯⋯ 1 個
沙拉油⋯⋯ 適量

作法

1 熱壓烤盤薄薄地塗抹沙拉油後，倒入醃醬唐揚雞塊與拔絲地瓜。

2 蓋上熱壓烤盤，邊翻面邊以小火烘烤約5分鐘。

3 離火後加上溫泉蛋。

烘烤前

率性調味,
希望完成撒滿調味料的薯條!

炸薯條

#適合搭配金麥啤酒的影片!

材料(1次份)

冷凍炸薯條(細長型) ⋯⋯ 150g
橄欖油⋯⋯ 1 大匙
MAXIMUM 辛香料⋯⋯ 適量

作法

1 將冷凍炸薯條排入熱壓烤盤裡,淋上橄欖油。

2 蓋上熱壓烤盤,邊翻面邊以中小火烘烤約8分鐘。邊烘烤邊微微地晃動烤盤。

3 打開熱壓烤盤,撒上MAXIMUM辛香料後再蓋上,充分地晃動烤盤後離火。

烘烤前

Point

將MAXIMUM辛香料換成食鹽、香草鹽等喜愛的調味料也OK!依喜好沾上番茄醬或芥末醬也很美味!

附上正義的美乃滋
熱量再提昇！

起司 on 起司煎餃

#增加起司份量的起司GYOZA（煎餃），適合搭配生啤酒享用！

材料(1次份)

冷凍起司餃⋯⋯ 1 包（12 個）
會融化的起司片⋯⋯ 4 片
沙拉油⋯⋯ 適量
MAXIMUM 辛香料⋯⋯ 適量
美乃滋⋯⋯ 依喜好

作法

1 熱壓烤盤薄薄地塗抹沙拉油後，排入冷凍起司餃。堆疊也OK。

2 蓋上熱壓烤盤，以中小火烘烤約5分鐘，翻面後再烤3分鐘左右。

3 打開熱壓烤盤，加上會融化的起司片。

4 起司側朝上盛入容器裡。撒上MAXIMUM辛香料，依喜好附上美乃滋。

烘烤前

外皮內餡滿滿的起司！
烤過的起司也非常美味！

　　PART 4 輕鬆烹調、快速完成美味料理！便利食品HSM創意料理食譜

> 比微波加熱需要多花些時間，
> 但以這種烤法完成保證更加美味！

iy_rone's Recipe 2

章魚燒

#比微波美味三倍的烤法！

材料(1次份)

冷凍章魚燒⋯⋯9 顆
橄欖油⋯⋯1 大匙
醬汁、美乃滋、柴魚片⋯⋯適量

作法

1　將冷凍章魚燒排入熱壓烤盤裡，淋上橄欖油。

2　蓋上熱壓烤盤，邊翻面邊以中小火烘烤約8分鐘。

3　打開熱壓烤盤，淋上醬汁，加上美乃滋、柴魚片後離火。

烘烤前

與微波加熱的鯛魚燒
呈現天壤之別的食物

鯛魚燒

#適合搭配冰咖啡享用！

材料(1次份)

冷凍鯛魚燒⋯⋯ 2 條
奶油⋯⋯ 10g

作法

1 將奶油放入熱壓烤盤裡，加熱融解後，塗抹整個烤盤。

2 步驟 1 排入冷凍鯛魚燒，蓋上熱壓烤盤。邊翻面邊以小火烘烤6～8分鐘。

Point

冷凍鯛魚燒以奶油烤過後，味道更香濃，口感更酥脆！縱向切開，內餡平均分布，更方便分享食用！

烘烤前

大幅拓展料理範疇的大阪燒烤盤

　　大阪燒烤盤尺寸通常大於一般熱壓烤盤，食材多到熱壓烤盤擺不下時，就很適合使用。大阪燒烤盤大小剛好可放入便利商店買回來的冷凍披薩，而且是圓形，製作漢堡排、可樂餅等料理時，鋪滿餡料就會自動做出渾圓漂亮形狀令人激賞。大阪燒烤盤裡側為平面狀，沒有任何紋路圖案，所以也可以當做平底鍋使用，是大幅拓展料理範疇的便利工具。

和平FREIZ 結構簡單的大阪燒烤盤 直徑17.5cm 瓦斯火專用
價格：約1,000元

不需要任何訣竅，就能夠像專門店一樣，做出渾圓漂亮的大阪燒。用法簡單，輕鬆翻面，能夠兩面烘烤，因此製作大阪燒時不需要翻面，保證成功，不失敗，值得讚賞。

\ 大小剛剛好！/

大小剛好可以放入超商買回來的冷凍披薩！直徑 17cm 以下的披薩都放得下。

\ 用途超廣泛！/

圓形烤盤，鋪滿食材就能夠完成特大號的漢堡排或可樂餅。

> 使用冷凍義大利麵，
> 立即完成美味肉醬派！

義大利麵肉醬派

#以春捲皮搭配製成，適合搭配綠罐海尼根啤酒享用！

材料(1次份)

冷凍義大利麵（Creamy bolognes）…… 1 包 (295g)
春捲皮…… 4 張
橄欖油…… 適量
Tabasco 辣椒醬…… 依喜好

作法

1. 大阪燒烤盤重疊放入2張春捲皮。

2. 步驟 1 加上冷凍生義大利麵，淋上橄欖油。

3. 再重疊加上2張春捲皮，包入餡料似地，摺入超出烤盤範圍的春捲皮。

4. 蓋上大阪燒烤盤，以中小火烘烤約5分鐘，翻面後再烤4分鐘左右。

5. 盛入容器裡，切成方便食用的大小。

烘烤前

Point

包入起司或培根，更加美味可口。

> 走一趟便利商店
> 就能夠買到所有材料！

增量版明太子馬鈴薯培根起司披薩

#特別加大的份量，適合搭配檸檬口味STRONG ZERO罐裝調酒享用！

材料(1次份)

瑪格麗特披薩（冷凍食品）…… 1 片（直徑 17cm 以下）
明太子馬鈴薯沙拉（市售）…… 1 包（100g）
切片包裝的培根…… 1 包
會融化的起司…… 2 片
橄欖油…… 適量
Tabasco 辣椒醬…… 依喜好

作法

1 大阪燒烤盤薄薄地塗抹橄欖油後，放入瑪格麗特披薩。

2 步驟**1**加上明太子馬鈴薯沙拉，儘量鋪平。

3 步驟**2**加上切片培根、會融化的起司片。

4 蓋上大阪燒烤盤，以中小火烘烤約4分鐘，翻面後再烤3分鐘左右。

5 盛入容器裡，切成方便食用的大小，依喜好淋上Tabasco辣椒醬。

> **Point**
>
> 淋上普通的Tabasco辣椒醬就很美味，使用Tabasco smoke（煙燻風味Tabasco辣椒醬），美味程度大大提昇！

烘烤前

起司、培根、馬鈴薯沙拉
充滿LiloSHI獨特風格的
超奢華披薩

> 春捲皮潛力無窮，
> 烹調料理效果令人驚喜！

千層麵創意料理

#狀似千層麵，廚藝白痴也輕鬆製作的創意料理，適合搭配高球雞尾酒享用！

材料(1次份)

冷凍義大利麵（Creamy bolognes）…… 1 包 （295g）
春捲皮…… 4 張
煙燻起司片…… 2 片
切片包裝的培根…… 1 包
沙拉油…… 適量
檸檬汁、Tabasco 辣椒醬…… 依喜好

作法

1 大阪燒烤盤薄薄地塗抹沙拉油後，重疊放入2張春捲皮。

2 步驟 1 依序加上冷凍生義大利麵、煙燻起司片、切片培根後，再重疊加上2張春捲皮。

3 包裹餡料似地，將超出烤盤範圍的春捲皮往內摺。

4 蓋上大阪燒烤盤，以中小火烘烤約5分鐘，翻面後再烤4分鐘左右。

5 盛入容器裡，切成方便食用的大小。

烘烤前

需要花心思調理的千層麵也一樣，
夾入材料後烘烤一下就完成！

調製醬汁時，
多花一些心思！

漢堡排

#作法超隨性，烘烤完成漢堡排後，適合搭配高球雞尾酒享用！

材料(1次份)

Ⓐ 牛絞肉⋯⋯ 150g
　高麗菜絲（市售）⋯⋯ 150g
　雞蛋⋯⋯ 1顆
　麵包粉⋯⋯ 10g
調味料（漢堡排用）⋯⋯ 1包（7g）
沙拉油⋯⋯ 適量

Ⓑ 烤肉醬（市售）⋯⋯ 2大匙
　番茄醬⋯⋯ 1大匙

作法

1 將材料Ⓐ倒入調理盆裡，充分地攪拌出黏稠感。

2 步驟**1**添加調味料後，再攪拌均勻。

3 大阪燒烤盤薄薄地塗抹沙拉油後，鋪滿步驟**2**，儘量鋪平。

4 蓋上大阪燒烤盤，邊翻面邊以中小火烘烤約10分鐘。

5 烘烤過程中食材釋出油分時，由大阪燒烤盤之間縫隙倒入耐熱容器等，不丟棄，留著調製醬汁。

6 將漢堡排盛入容器裡，空出大阪燒烤盤後，倒入步驟**5**的油與材料Ⓑ邊充分地攪拌、邊以小火加熱約2分鐘，調煮成醬汁（小心噴濺！）。

7 漢堡排盛入容器裡，淋上步驟**6**的醬汁。

Point

將高麗菜換成市售洋蔥蔬菜沙拉，完成的漢堡排風味更濃厚。

烘烤前

作法超隨性系列料理的精髓，
混合材料後烘烤而已！

> 馬鈴薯、奶油、起司，就這3樣材料。
> 簡單反而更加美味！

奶油起司馬鈴薯披薩

#增量版馬鈴薯披薩！

材料(1次份)

馬鈴薯…… 中 4 顆
會融化的起司片…… 3 片
奶油…… 10g
橄欖油…… 適量
披薩醬、Tabasco 辣椒醬、萬能辛香料等……
依喜好

作法

1 馬鈴薯去皮後，刨切成薄片。

2 大阪燒烤盤薄薄地塗抹橄欖油後，倒入步驟 **1** 儘量鋪平。

3 蓋上大阪燒烤盤，以小火烘烤約7分鐘，翻面後再烤7分鐘左右。

4 打開大阪燒烤盤，加上會融化的起司片。

5 再蓋上大阪燒烤盤，以小火烘烤約1分鐘，烤至起司融化為止。

6 盛入容器裡，塗抹奶油，切成披薩狀後享用。亦可依喜好淋上披薩醬、Tabasco辣椒醬、萬能辛香料等。

Point

馬鈴薯以削皮器削成薄片後千萬不能水洗。這時候以鹽、胡椒粉調味則OK。

烘烤前

110

PART 5

從事戶外活動時也能夠吃到熱熱的食物！

熱壓烤盤

炸物 HSM
創意料理食譜

炸物去除多餘油分的訣竅

　　使用熱壓烤盤時，少量油就能夠完成 1 人份炸物。問題在於「如何去除多餘的油分」。使用廚房紙巾就能夠吸掉多餘的油分。去除油分不需要取出烤盤裡的食物，直接在熱壓烤盤上就能夠進行。貼心提醒，去除油分作業展開前，**必須先關掉爐火（或者烤盤暫時離火）**。

去除油分的方法

1
蓋上熱壓烤盤狀態下，由烤盤之間縫隙倒出多餘的油分。

2
打開熱壓烤盤，覆蓋摺成四褶的廚房紙巾（油分較多或廚房紙巾較小時，增加張數也 OK）。

3
蓋上熱壓烤盤後翻面，如步驟 **2** 作法，另一面也覆蓋廚房紙巾後，確實地蓋上烤盤。

4
靜置片刻後，取出吸收多餘油分的廚房紙巾。

影片與書中食譜都沒有納入去除油分步驟，在意的人，請以此方法去除多餘的油分。

太白粉好像裹得有點太多，以這種感覺烤出酥脆口感！

口感酥脆的內臟

口感酥脆，適合搭配 STRONG ZERO 罐裝調酒享用！

材料(1次份)

內臟（烤肉用）…… 200g
太白粉…… 3 大匙
MAXIMUM 辛香料…… 適量

作法

1 將內臟倒入調理盆裡，均勻地裹上太白粉。

2 將步驟1倒入熱壓烤盤裡，儘量避免重疊。

3 蓋上熱壓烤盤，以中小火烘烤約3分鐘，翻面後再以中小火烤1.5～2分鐘。

4 烤好後關掉爐火，打開熱壓烤盤，以廚房紙巾吸掉多餘的油分（請參閱P.112）。

5 蓋上熱壓烤盤，翻面後再打開，撒上MAXIMUM辛香料。

> **Point**
>
> 內臟食材加熱後會釋出油分，烤盤不抹油也OK。

烘烤前

颱風可樂餅

#今年的第10號颱風越來越接近時發想完成，適合搭配高球雞尾酒享用！

材料(1次份)

馬鈴薯、紅蘿蔔水煮包（市售）…… 1包（240g）
美式肉餅（市售）…… 100g
麵粉…… 1大匙
鹽、胡椒粉…… 少許
麵包粉…… 25g
橄欖油…… 2大匙
醬汁…… 適量

作法

1　馬鈴薯、紅蘿蔔水煮包連同包裝袋一起揉成泥狀。美式肉餅也連同包裝袋揉成粗粒。

2　將步驟**1**倒入調理盆裡，撒上鹽、胡椒粉、麵粉後，充分地攪拌混合。

3　將步驟**2**分成4等分後，分別做成橢圓形。

4　將麵粉、橄欖油倒入另一個調理盆後攪拌均勻。

5　將1/2份量的步驟**4**倒入熱壓烤盤裡，鋪平後排入步驟**3**。

6　隱藏餡料似地，將剩餘的麵包粉撒在步驟**5**上，以湯匙背等輕輕地按壓。

7　蓋上熱壓烤盤，以中小火烘烤約4分鐘，翻面後再烤4分鐘左右。

8　烤好後關掉爐火，打開熱壓烤盤，以廚房紙巾吸掉多餘的油分（請參閱P.112）。

9　拿掉廚房紙巾，淋上醬汁。

烘烤前

材料連同包裝袋一起壓碎或揉成泥狀，
需要清洗的部分非常少。

> 豬五花肉與融化情況絕佳的起司，激盪出絕妙好滋味！

豬五花千層豬排

#依序堆疊肉片與起司，烘烤完成豬五花千層豬排，適合搭配綠罐海尼根啤酒享用！

材料(1次份)

豬五花肉片⋯⋯ 200g
MAXIMUM 辛香料⋯⋯ 適量
麵包粉⋯⋯ 30g
橄欖油⋯⋯ 3 大匙
會融化的起司片⋯⋯ 2 片
美乃滋或 Tabasco 辣椒醬⋯⋯ 依喜好

作法

1 豬五花肉片撒上MAXIMUM辛香料。將麵包粉與橄欖油倒入調理盆後攪拌均勻。

2 將1/2份量的麵包粉倒入熱壓烤盤裡，鋪平後排入1/2份量的豬五花肉。

3 步驟 2加上會融化的起司片。

4 步驟 3疊上剩餘的豬五花肉片，覆蓋餡料似地，撒上剩餘的麵包粉。

5 蓋上熱壓烤盤，以中小火烘烤約3分鐘，翻面後再以中火烤3分鐘左右。

6 關掉爐火後，打開熱壓烤盤，以廚房紙巾吸掉多餘的油分（請參閱P.112）。

7 盛入容器裡，切成方便食用的大小。依喜好加上美乃滋，淋上Tabasco辣椒醬。

烘烤前

層層堆疊
完成美味多汁的豬五花千層豬排

一口接一口地吃完咖哩口味後，
加上美乃滋享受不同的滋味。

炸魷魚料理

#以大阪燒烤盤烘烤魷魚頭腳，完成可享
受兩種美味的炸魷魚料理，佐以
Premium Malt's啤酒的影片。

材料(1次份)

魷魚頭腳…… 150g
麵粉…… 2 大匙
MAXIMUM 辛香
料…… 適量
蛋液…… 1 個份

麵包粉…… 20g
橄欖油…… 2 大匙
咖哩粉…… 適量
醬汁、美乃滋…… 依喜好

作法

1　將魷魚頭腳倒入調理盆裡，撒上麵粉
後攪拌，接著撒上MAXIMUM辛香料
攪拌均勻。

2　步驟1淋上蛋液，所有食材均勻地裹
上蛋液。

3　將麵包粉與橄欖油倒入另一個調理盆
後攪拌均勻。

4　將1/2份量的步驟3倒入熱壓烤盤裡，
鋪平後加上步驟2再加上剩餘的麵包
粉。

5　蓋上熱壓烤盤，以中小火烘烤約3分
鐘，翻面後再烤2分鐘左右。

6　盛入容器裡，切成方便食用的大小，
撒上咖哩粉。依喜好沾上醬汁或美乃
滋後享用。

Point

使用大條魷魚頭腳
比較粗，不容易烤
熟，需要切成小塊。
在意油分的人，於
步驟5烘烤之後，
以廚房紙巾吸掉多
餘的油分（請參閱
P.112）。

烘烤前

> 磯邊揚與咖哩味道，
> 沒想到這麼地對味！

磯邊揚魷魚料理

#魷魚頭腳烘烤完成磯邊揚(※)魷魚料理
後，佐以朝日啤酒SUPER DRY的影片。
※磯邊揚：食材裏上麵粉與綠海苔調成的麵衣後完成的日式炸物。

材料(1次份)

魷魚頭腳⋯⋯ 150g　　橄欖油⋯⋯ 1 大匙
麵粉⋯⋯ 2 大匙　　　咖哩粉⋯⋯ 適量
綠海苔⋯⋯ 1 小匙

作法

1 將魷魚頭腳、麵粉、綠海苔倒入調理
盆後攪拌均勻。

2 步驟 1 淋上橄欖油後，所有食材均勻
裹上橄欖油。

3 將步驟 2 倒入熱壓烤盤裡，儘量鋪
平。

4 蓋上熱壓烤盤，以中小火烘烤約3分
鐘，翻面後再烤2分鐘左右。

5 烤好後關掉爐火，打開熱壓烤盤，以
廚房紙巾吸掉多餘的油分（請參閱
P.112）。

6 拿掉廚房紙巾，撒上咖哩粉。

烘烤前

119

一提到磯邊揚，
就不能錯過這道料理！

磯邊揚竹輪

#適合搭配高球雞尾酒享用！

材料(1次份)

竹輪⋯⋯6 條
麵粉⋯⋯3 大匙
綠海苔⋯⋯2 大匙
MAXIMUM 辛香料⋯⋯適量
水⋯⋯2 大匙
橄欖油⋯⋯1 大匙

作法

1 竹輪斜切成寬1cm片狀。

2 將步驟1、麵粉、綠海苔、MAXIMUM
辛香料、水倒入調理盆後攪拌混合，
添加橄欖油後再攪拌均勻。

3 將步驟2鋪滿熱壓烤盤。

4 蓋上熱壓烤盤，邊翻面邊烘烤約8分
鐘。

5 烤好後關掉爐火，打開熱壓烤盤，以
廚房紙巾吸掉多餘的油分（請參閱
P.112）。

烘烤前

> 在HSM上就能夠完成製作,
> 人見人愛的龍田風炸雞。

龍田風炸雞

#適合搭配高球雞尾酒享用!

材料(1次份)

雞腿肉(唐揚用)……6 塊(250g)
烤肉醬……適量
太白粉……3 大匙
橄欖油……2 大匙
喜愛的美乃滋、MAXIMUM 辛香料……適量

作法

1　以刀背拍鬆雞腿肉。

2　熱壓烤盤排入步驟1後,淋上烤肉醬,撒上太白粉,充分地攪拌混合。

3　步驟2儘量鋪平後,淋上橄欖油。

4　蓋上熱壓烤盤,以中小火烘烤5分鐘,翻面後再烤4分鐘左右。釋出油分時,邊烘烤邊倒出。

5　烤好後關掉爐火,打開熱壓烤盤,以廚房紙巾吸掉多餘的油分(請參閱P.112)。

6　拿掉廚房紙巾,依喜好加上美乃滋或撒上MAXIMUM辛香料。

烘烤前

本來就很好吃的帶骨雞肉，
經過HSM加壓調理更美味可口。

鬱金香

#以雞的一節翅做成，漂亮如鬱金香花朵的料理，適合搭配高球雞尾酒享用！

材料(1次份)

雞的一節翅（鬱金香）…… 6 支
MAXIMUM 辛香料…… 適量
太白粉…… 適量
奶油…… 10g
沙拉油…… 適量

作法

1 雞的一節翅撒上MAXIMUM辛香料，裹上太白粉。

2 熱壓烤盤薄薄地塗抹沙拉油，排入步驟1（交互排放更漂亮）後，加上奶油。

3 蓋上熱壓烤盤，以中小火烘烤約6分鐘，翻面後再烤6分鐘左右。

4 烤好後離火，打開熱壓烤盤，以廚房紙巾吸掉多餘的油分（請參閱P.112）。

烘烤前

以雞的一節翅完成鬱金香，
同樣好吃令人回味無窮！

微微地散發異國風味的咖哩雞排

香酥咖哩雞排

#以較為健康的雞胸肉烘烤製成,適合搭配高球雞尾酒享用!

材料(1次份)

雞胸肉⋯⋯1 片
MAXIMUM 辛香料⋯⋯ 適量
麵包粉⋯⋯20g
橄欖油⋯⋯2 大匙
咖哩罐頭(綠咖哩)⋯⋯1 罐

作法

1　雞胸肉撒上MAXIMUM辛香料後備用。

2　將麵包粉與橄欖油倒入調理盆裡,充分地攪拌混合。

3　將1/2份量的步驟2倒入熱壓烤盤裡,鋪平後疊上步驟1,再加上剩餘的麵包粉。

4　蓋上熱壓烤盤,以中小火烘烤約7分鐘,翻面後再以中火烤6分鐘左右。

5　烤好後離火,打開熱壓烤盤,以廚房紙巾吸掉多餘的油分(請參閱P.112)。

6　盛入容器裡,切成方便食用的大小。

7　附上已加熱的咖哩罐頭,沾著吃更美味。

Point

肉片較厚,無法放入HSM時,請切成適當大小或調整厚度。

烘烤前

PART 6

串起來更美味！

熱壓烤盤

串烤 **HSM**

創意料理食譜

烹調串燒料理的好幫手！

堅固耐用、可重複使用的「鐵籤」推薦使用！

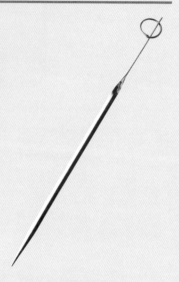

　　直接加熱烘烤也不會燒焦，而且可重複使用，準備幾支更便利。肉類、魚貝類、蔬菜等，烘烤任何食材都可以使用，居家用品賣場或超市的雜貨區、百元商店等都能購買到。

● 形狀：建議使用戳刺部位呈扁平狀，食材串入後就固定不滾動，使用起來比較方便的鐵籤。
● 長度：太短容易造成燒燙傷，以熱壓烤盤蓋子部分兩倍長度（20～25cm）的鐵籤為最佳選擇。

沒有鐵籤時，使用竹籤也OK！

竹籤優點是便利商店、百元商店等都能購買到，而且很便宜。除了一般規格的竹籤之外，市面上還可買到不同長度與粗細的 BBQ 用竹籤。竹籤容易燒焦，使用前，手握部位捲上鋁箔即可避免。

使用鐵籤或竹籤時，可能因為素材、長短、加熱程度等因素而發燙，請小心使用，避免造成燒燙傷。

最適合居家小酌、享受
獨飲之樂的下酒菜！

ly_rone's
recipe 2

烤雞串

#以價格便宜的雞腿肉與蔥白製成，適
合搭配高球雞尾酒享用！

材料(1次份)

雞腿肉⋯⋯ 240g
大蔥⋯⋯ 1 根
MAXIMUM 辛香料⋯⋯ 適量
沙拉油⋯⋯ 適量

作法

1 大蔥切成長2cm蔥段。

2 雞腿肉與步驟1的蔥段交互串入鐵
籤。共製作4串。

3 熱壓烤盤薄薄地塗抹沙拉油，排入步
驟2後，撒上MAXIMUM辛香料。

4 蓋上熱壓烤盤，以中小火烘烤約7分
鐘，翻面後再烤6分鐘左右。

烘烤前

> 美味可口又賞心悅目的料理！
> 串入蔬菜做成各式串烤料理也good

串烤培根蘆筍

#七夕當天以竹枝（蘆筍）與紙箋（培根）完成竹飾※後，適合搭配高球雞尾酒享用！

※竹飾：日本七夕（國曆7月7日）習俗，以五顏六色的紙箋寫上願望，掛於竹枝上，完成竹飾，期望實現願望。

材料(1次份)

綠蘆筍⋯⋯ 4 支
培根⋯⋯ 5 片
MAXIMUM 辛香料⋯⋯ 適量
橄欖油⋯⋯ 適量

作法

1 綠蘆筍切小段，長約培根寬度。

2 步驟**1**與培根交互串入鐵籤（請參照 Point 圖片）。共製作3串。

3 熱壓烤盤薄薄地塗抹橄欖油後，排入步驟**2**。

4 蓋上熱壓烤盤，以中小火烘烤約3分鐘，翻面後再烤2分鐘左右。

5 烤好後離火，撒上MAXIMUM辛香料。

Point

培根串成波浪狀，交互穿入綠蘆筍，美味又賞心悅目！

烘烤前

串起蘆筍＆培根，
完成廣受喜愛的串烤料理！

可能比平底鍋烤的更美味

豬五花烤肉串

#豬五花肉片以醬汁調味後，串入鐵籤，完成美味無比的烤肉串，佐以金麥啤酒的影片。

材料(1次份)

豬五花肉片…… 200g
烤肉醬（市售）…… 2 大匙
MAXIMUM 辛香料…… 適量

作法

1　將豬五花肉片與烤肉醬倒入調理盆後充分地攪拌。

2　步驟1不攤開，彎彎曲曲地直接串入鐵籤。共製作5串。

3　熱壓烤盤排入步驟2。

4　蓋上熱壓烤盤，以中小火烘烤約5分鐘，翻面後再烤4分鐘左右。

5　烤好後離火，撒上MAXIMUM辛香料。

烘烤前

雞皮捲成蒜頭似地串入鐵籤，
完成的串烤料理更美味！

串烤蒜頭雞皮

#超重口味的串烤蒜頭雞皮，適合搭配
高球雞尾酒享用！

材料(1次份)

雞皮…… 200g
蒜頭…… 2 大顆
MAXIMUM 辛香料…… 適量
橄欖油…… 適量

作法

1 雞皮與蒜頭交互串入鐵籤。共製作4
串。

2 熱壓烤盤薄薄地塗抹沙拉油。步驟1
撒上MAXIMUM辛香料後，排入熱壓
烤盤裡。

3 蓋上熱壓烤盤，以中小火烘烤約5分
鐘，翻面後再烤4分鐘左右。烘烤過程
中釋出油分時，邊烘烤邊由熱壓烤盤
之間縫隙倒出。

烘烤前

以HSM完成製作
濱燒※風味菜單

※濱燒：原指溪邊或海邊現撈現烤的方式，泛指在居酒屋等，以便利小烤爐烘烤新鮮魚貝類料理。

ly_rone's Recipe 2

串烤魷魚干貝

#魷魚與干貝串入鐵籤，烤出焦香味道後，適合搭配朝日啤酒享用！

材料(1次份)

切片魷魚⋯⋯ 200g
干貝⋯⋯ 6 顆
沙拉油⋯⋯ 適量
A 醬油⋯⋯ 1 大匙
　 味醂⋯⋯ 1 大匙
　 生薑（軟管裝）⋯⋯ 5cm

作法

1 魷魚與干貝分別串入鐵籤，各完成2串。

2 熱壓烤盤薄薄地塗抹沙拉油後，排入步驟**1**。

3 蓋上熱壓烤盤，以中小火烘烤約3分鐘，翻面後再烤
3分鐘左右。烘烤過程中食材釋出水分時，邊烘烤邊
由烤盤之間縫隙倒出。

4 將材料A倒入容器裡攪拌均勻備用。

5 打開熱壓烤盤，淋上步驟**4**後蓋上，以小火加熱約
20秒（小心醬汁噴濺！）。

烘烤前

添加醬油烤出焦香味道，
撲鼻香氣讓人食欲大增！

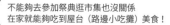

不能夠去參加祭典逛市集也沒關係
在家就能夠吃到屋台（路邊小吃攤）美食！

屋台風烤魷魚

#無法去夏日祭典也沒關係，拿起鐵籤串一串就完成！適合搭配SUPER DRY享用！

材料(1次份)

生魷魚…… 1 條
醬油、味醂（醬油口味烤肉醬也 OK）…… 適量
沙拉油…… 適量

作法

1　魷魚分成身體與頭腳，分別串入鐵籤。

2　熱壓烤盤薄薄地塗抹沙拉油後，橫向擺放步驟1。

3　蓋上熱壓烤盤，以中小火烘烤約3分鐘，翻面後再烤3分鐘左右。烘烤過程中食材釋出水分時，邊烘烤邊由烤盤之間縫隙倒出。

4　打開熱壓烤盤，淋上醬油、味醂（小心噴濺！）。

5　打開熱壓烤盤狀態下，邊轉動魷魚裹上醬汁，邊以中火加熱約20秒後離火。

Point

打開熱壓烤盤後稍微烘烤，促使魷魚釋出的水分揮發，魷魚更容易裹上醬汁。

烘烤前

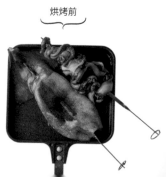

好想大口咬下去！
充滿夏日祭典風情的烤魷魚

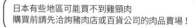

日本有些地區可能買不到雞頸肉
購買前請先洽詢豬肉店或百貨公司的肉品賣場！

ly_fone's
Recipe 2

醬烤雞頸肉串

#淋上照燒醬，完成醬烤雞頸肉串，適合搭配檸檬口味STRONG ZERO罐裝調酒享用！

材料(1次份)

雞頸肉…… 200g
照燒醬（市售）…… 適量
沙拉油…… 適量
一味辣椒醬…… 依喜好

作法

1 雞頸肉依序串入鐵籤，串成旗子狀（請參照 **Point** 圖片）。

2 熱壓烤盤薄薄地塗抹沙拉油後，放入步驟1。

3 蓋上熱壓烤盤，以中小火烘烤約5分鐘，翻面後再烤4分鐘左右。

4 打開熱壓烤盤，淋上照燒醬（小心噴濺！）。

5 打開熱壓烤盤狀態下，邊翻動肉串裹上醬汁、邊以中火加熱20秒左右。

6 抽出鐵籤後離火，依喜好撒上一味辣椒醬。

Point

雞頸肉串成旗子狀。太靠近肉的邊緣串入鐵籤，串好的雞頸肉容易脫落。

烘烤前

越嚼越香
讓人回味無窮

超萬能的登山用平底鍋

　　希望一個器具就能夠完成「烹煮」、「烘烤」作業，積極地尋找後，終於找到這款深型平底鍋。經過鐵氟龍塗層加工處理，烹調時不抹油，也不會沾鍋。以製作鬆餅等為例，在鍋裡調粉後烘烤即可（不必取出，直接烘烤完成）。此外，鍋身小，易收納，附鍋蓋，優點不勝枚舉。

UNIFLAME 山 LID SUS
價格：約 400 元

UNIFLAME 登山用平底鍋
17cm 深型
價格：約 800 元

鍋身大（直徑 65cm），使用更方便的深型登山用平底鍋，可當做一般鍋子或平底鍋。表面經過鐵氟龍塗層加工處理，不容易燒焦，清洗保養更輕鬆。最適合露營等從事戶外運動時使用。鍋蓋另售。

影片中使用大黑占地（玉蕈）
食譜中以容易入手的杏鮑菇，構成不同的組合變化！

蒜香杏鮑菇蝦仁

燉煮完成蒜香玉蕈蝦仁。

材料(1次份)

杏鮑菇…… 約 2 朵
蝦仁…… 200g
調味料（蒜香蝦仁用）…… 1 包
鷹爪辣椒…… 2 根（依喜好調整）
橄欖油…… 4 大匙
蝦仙貝等…… 片數依喜好

作法

1 杏鮑菇橫向切成兩段後，縱向剖開。

2 將步驟**1**倒入登山用平底鍋裡，撒上1/2份量的調味料。接著倒入蝦仁，撒上剩餘的調味料。

3 步驟**2**加入鷹爪辣椒，淋上橄欖油。

4 蓋上登山用平底鍋的鍋蓋，以小火烹煮約5分鐘。

5 煮好後離火，附上仙貝。直接吃就很美味，當做餡料加在仙貝上，沾著油吃也OK。

Point

影片中以Mess tins（飯盒狀蒸煮容器）完成製作，以登山用平底鍋烹調也OK。

超級美味
章魚燒！

ly_rone's
Recipe 2

特大號章魚燒

一個人的章魚燒派對，烘烤完成章魚燒風味厚煎餅，適合搭配生啤酒享用！

材料(1次份)

水煮章魚（隨意切塊）…… 100g
章魚燒粉…… 150g
高麗菜絲（市售）…… 150g
雞蛋…… 1 顆
水…… 1 杯（200ml）
醋漬嫩薑…… 50g
醬汁、綠海苔、柴魚片、美乃滋…… 適量

作法

1 章魚太大塊時，切成方便食用的大小。

2 章魚燒粉、高麗菜絲、雞蛋、水倒入登山用平底鍋後攪拌均勻。

3 步驟2加入步驟1與嫩薑後混合攪拌。

4 登山用平底鍋加蓋後，以小火烘烤約15分鐘。

5 烤好後移到容器上，倒扣登山用平底鍋，倒出章魚烤餅。

6 切成方便食用的大小，淋上醬汁，加上綠海苔、柴魚片，擠上美乃滋，完成特大號章魚燒。

Point

章魚燒烤餅有厚度，需要多花些時間，以小火慢慢地烘烤完成。

每一口都吃到隨意切成大顆粒的章魚肉
豪華澎湃的特大號章魚燒

ly_rane's Recipe 2

> 完成的那一刻
> 讓人好感動！

厚片鬆餅

#外酥內軟的厚片鬆餅，搭配滲濾式香濃咖啡享用！

材料(1次份)

鬆餅粉……1 包（150g）
雞蛋……1 顆
水……1/2 杯（100ml）
奶油……10g
楓糖漿或蜂蜜……適量

作法

1 將鬆餅粉、雞蛋、水倒入登山用平底鍋裡。

2 步驟**1**加蓋後，以極小火慢慢地烘烤約20分鐘。

3 烤好後移到容器上，倒扣登山用平底鍋，倒出厚片鬆餅（請參照 Point ）。

4 加上奶油，淋上楓糖漿。

Point 1

將竹籤戳入鬆餅邊緣後翻面，完成的鬆餅更加完整漂亮。

Point 2

製作漂亮鬆餅的訣竅是，以自己都懷疑「爐火需要開這麼小嗎？」的極小火慢慢烘烤完成。

小時候寐寐以求的厚片鬆餅，
以登山用平底鍋完成製作！

TITLE

熱壓烤盤全方位攻略

STAFF

出版	瑞昇文化事業股份有限公司
作者	リロ氏(LiloSHI)
譯者	林麗秀
總編輯	郭湘齡
責任編輯	蕭妤秦
文字編輯	張聿雯
美術編輯	許菩真
排版	朱哲宏
製版	明宏彩色照相製版有限公司
印刷	龍岡數位文化股份有限公司
法律顧問	立勤國際法律事務所　黃沛聲律師
戶名	瑞昇文化事業股份有限公司
劃撥帳號	19598343
地址	新北市中和區景平路464巷2弄1-4號
電話	(02)2945-3191
傳真	(02)2945-3190
網址	www.rising-books.com.tw
Mail	deepblue@rising-books.com.tw
本版日期	2023年6月
定價	300元

ORIGINAL JAPANESE EDITION STAFF

レシピ協力	しらいしやすこ
カバーデザイン	菊池 祐
	（株式会社ライラック）
本文デザイン	今住真由美
	（株式会社ライラック）
撮影	市瀬真以
スタイリスト	木村柚加利
編集協力・イラスト	プー・新井
撮影協力	UTUWA
	03-6447-0070
	株式会社ハイマウント
	和平フレイズ株式会社
	株式会社新越ワークス

國家圖書館出版品預行編目資料

熱壓烤盤全方位攻略/LiloSHI作；林麗
秀譯. -- 初版. -- 新北市：瑞昇文化事業
股份有限公司, 2022.03
144面；14.8 x 15.5公分
譯自：リロ氏のホントにとてもくわし
いホットサンドメーカーレシピ
ISBN 978-986-401-546-7(平裝)
1.CST: 食譜
427.1　　　　　　　　111001793